BEI GRIN MACHT SICH IHR WISSEN BEZAHLT

- Wir veröffentlichen Ihre Hausarbeit, Bachelor- und Masterarbeit

- Ihr eigenes eBook und Buch - weltweit in allen wichtigen Shops

- Verdienen Sie an jedem Verkauf

Jetzt bei www.GRIN.com hochladen und kostenlos publizieren

Bibliografische Information der Deutschen Nationalbibliothek:

Die Deutsche Bibliothek verzeichnet diese Publikation in der Deutschen National-
bibliografie; detaillierte bibliografische Daten sind im Internet über http://dnb.d-
nb.de/ abrufbar.

Impressum:

Copyright © 2013 GRIN Verlag, Open Publishing GmbH
Druck und Bindung: Books on Demand GmbH, Norderstedt Germany
ISBN: 978-3-668-10179-1

Dieses Buch bei GRIN:

http://www.grin.com/de/e-book/311134/multiplikationsaufgaben-mit-der-zahl-5-
fuenf-finger-an-jeder-hand-mathematik

Anonym

Multiplikationsaufgaben mit der Zahl 5: "Fünf Finger an jeder Hand" (Mathematik 2. Klasse Grundschule)

GRIN Verlag

GRIN - Your knowledge has value

Der GRIN Verlag publiziert seit 1998 wissenschaftliche Arbeiten von Studenten, Hochschullehrern und anderen Akademikern als eBook und gedrucktes Buch. Die Verlagswebsite www.grin.com ist die ideale Plattform zur Veröffentlichung von Hausarbeiten, Abschlussarbeiten, wissenschaftlichen Aufsätzen, Dissertationen und Fachbüchern.

Besuchen Sie uns im Internet:

http://www.grin.com/

http://www.facebook.com/grincom

http://www.twitter.com/grin_com

Staatliches Seminar für Didaktik und Lehrerbildung
(ORT)

Ausführlicher Unterrichtsentwurf zur Lehrprobe

im Fach Mathematik

Thema der Unterrichtssequenz:

„Fünf Finger an jeder Hand" –
Multiplikationsaufgaben mit der Zahl 5

von (Name des Lehramtsanwärters)

(Ort der Schule), (Email Adresse des Lehramtsanwärters)

Datum/Uhrzeit:	12.03.2013 / 8.25 Uhr – 9.10 Uhr
Schule:	(Xxxx)
Schulleitung:	(Xxxx)
Prüfungskommission:	(Xxxx)
Klasse:	2x – 24 SchülerInnen

Inhaltsverzeichnis

1. Überlegungen zu den Lernvoraussetzungen

1.1 Äußere Bedingungen

Die Grund- und Werkrealschule (xxx) befindet sich außerhalb des Stadtbezirks. Die Grundschüler[1] stammen vorwiegend aus (xxx), einige Werkrealschüler kommen aber auch aus den Einzugsgebieten (xxx). Die Region ist mit vielen kleineren Ortschaften im Umfeld eher ländlich geprägt.

Das Kollegium der Schule besteht aus 31 Lehrkräften. In der Schule werden derzeit 322 Schüler unterrichtet. Die Grundschule ist zweizügig. Die Werkrealschule hingegen ist, bis auf die 6. Klasse, einzügig.

Die Lehrprobe in Mathematik von 08.25 Uhr – 09:10 Uhr findet dem Stundenplan der Schüler nach anstelle einer Sportstunde statt. Demzufolge könnten einige Schüler enttäuscht sein, dass sie nun keinen Sportunterricht haben.

1.2 Bedingungen der Lerngruppe

Die Klasse 2x besteht aus 24 Schülern, wovon zwölf Jungen und zwölf Mädchen sind. Somit ist das Geschlechterverhältnis ausgewogen.

Insgesamt ist das soziale Klima in der Klasse – trotz ab und zu eintretender Streitigkeiten, die sich nach Aussprache in aller Regel klären lassen – harmonisch. Auch zu mir als Lehrkraft hat die Klasse ein gutes Verhältnis. Die Schüler sind lernfreudig und gegenüber ihren Mitschülern hilfsbereit. Das Leitungsniveau der Klasse ist sehr heterogen. **(Schüler x)** und **(Schüler y)** gehören zu den leistungsschwächeren Schülern im Mathematikunterricht. Ich versuche diese Schüler immer im Auge zu behalten, weil beide oftmals meine Unterstützung benötigen. Ein Schüler, **(Schüler z)**, neigt speziell dazu, den Unterricht zu stören. Bei ihm wird von mir also besonders darauf geachtet, dass er die vereinbarten Regeln einhält.

Bereits bekannte Arbeits- und Sozialformen sind der Frontalunterricht, Einzel- und Partnerarbeit und das Bilden eines Stuhl(halb)kreises. Mit der Theatersitzreihe haben die Kinder ebenfalls bereits Erfahrung. Aufgrund des stark gestreuten Leistungsniveaus bzw. Arbeitstempos arbeiteten die Schüler schon des Öfteren mit Selbstkontrolle der Aufgaben aus einem Arbeitsheftchen.

---

[1] Aufgrund der besseren Lesbarkeit verwende ich im Folgenden stets nur die männliche Form „Schüler": Natürlich sind Schülerinnen in diese Bezeichnung miteinbezogen.

Die Schüler sind außerdem mit dem Einsatz folgender Ritualen vertraut:

Die Begrüßung in der Mathematikstunde erfolgt stets durch einen Klatschrhythmus. Die Lehrerin fängt dabei an, die Schüler mit einem sich wiederholenden Rhythmus zu begrüßen und die Schüler antworten darauf mit dem entsprechenden Text. Um Arbeitsphasen zu beenden wird die Triangel eingesetzt. Bei drei Schlägen sitzen die Schüler an ihren Plätzen und geben ein Handzeichen. Danach zählt die Lehrerin von drei runter bis zur Null. Ein ebenfalls wichtiges Ritual bei Störungen ist die Sonne und die Regenwolke: An die Sonne kommt derjenige, der sich besonders gut benimmt. Wer allerdings durch Unterrichtsstörungen auffällt, kommt an die Regenwolke. Zwei weitere Störungen ziehen eine Strafarbeit als Konsequenz nach sich.

2. Didaktische Überlegungen

2.1 Didaktische Begründung

Ein wichtiger Bestandteil bei der Behandlung der Multiplikation im Rahmen des Mathematikunterrichts in der Grundschule ist, dass die Schüler gewisse mathematische „Grundvorstellungen" (Krauthausen / Scherer 2007, S. 32) aufbauen. Zu den Grundvorstellungen beim Malrechnen gehört, dass multiplikative Strukturen anhand von Alltagsgegenständen erkannt werden: zum Beispiel für den Eierkarton, der 2 Reihen mit jeweils 5 Eiern (2x5) enthält. Durch den „räumlich-simultan[en]" (Schipper 2009, S. 149) Aspekt dieser Modelle – die Bestandteile einer Gesamtmenge sind so angeordnet, dass diese auf einen Blick erfasst werden können – kann die enthaltene Rechenaufgabe von den Schülern relativ einfach erkannt und gelöst werden. Anhand derartiger Modelle können die Kinder so ein Verständnis für Malrechnungen erlangen, welches anhand des isolierten Auswendiglernens des kleinen Einmaleins nicht möglich wäre: Beispielsweise kann durch das Betrachten des Modells so realisiert werden, dass in der Multiplikationsaufgabe eine wiederholte Addition steckt (hier: 5+5). Übungen zur Gewinnung und zur Schärfung des „Aufgabenblick[s]" (ebd., S. 143) – welche Rechnung lässt sich aus dem dargestellten Modell ableiten – haben daher einen Stellenwert in der Grundschule. Außerdem sind die Kinder mit der Rechenart der Addition bereits aus dem Anfangsunterricht vertraut.

Das gesamte kleine Einmaleins wird von den Schülern für einige noch folgende Rechenoperationen benötigt: Zum Beispiel bei der schriftlichen Multiplikation oder der Division. Daher ist es wichtig, dass die Kinder die einzelnen Malreihen sicher beherrschen und auch Beziehungen zwischen den Reihen herstellen können.

2.2 Bezug zum Bildungsplan

Laut Bildungsplan soll der „[…] mathematische[…] Gehalt alltäglicher Situationen und alltäglicher Phänomene […]" (Ministerium für Kultus, Jugend und Sport 2004, S.54) von den SuS erkannt und bestimmte Problemstellungen im Anschluss daran mit mathematischen Mitteln gelöst werden (vgl. ebd.). Für Malrechnungen bieten sich hierfür zahlreiche Gegenstände aus dem Alltag der Schüler an. Bezogen auf die zu erwerbenden Kenntnisse und Fertigkeiten im Mathematikunterricht der Grundschule ist das „Beherrschen der Grundrechenarten" (ebd., S. 54) unabdingbar. Hierzu zählt auch der sichere Umgang mit der 5-er Malreihe.

Voraussetzung für flexibles Rechnen ist, dass Zahlbeziehungen erkannt werden (vgl. ebd.): Innerhalb einzelner Malreihen werden beispielsweise Beziehungen zu anderen Malreihen hergestellt. Sicherheit im Rechnen hingegen gibt den SuS das „[…] abrufbare Wissen der Ergebnisse des […] kleinen Einmaleins […]" (ebd., S.55). So bearbeiten die Schüler Aufgaben, anhand derer das Einmaleins bzw. dessen Malreihen verinnerlicht werden können.

Ein besonderes Anliegen des Mathematikunterrichts der Grundschule ist, „[…] den Kindern Freude an mathematischem Lernen und Arbeiten durch eine motivierende, fordernde und fördernde Unterrichtskultur zu vermitteln" (ebd., S. 54). Benötigt wird dafür beispielsweise die Differenzierung von Aufgaben, welche sich an den unterschiedlichen Leistungsvermögen der einzelnen Schüler orientiert. Aus der Forderung des Bildungsplans lässt sich außerdem ableiten, dass die Kinder in gewissen Unterrichtsphasen eine tragende Rolle einnehmen sollten, wodurch sie den Inhalten des Unterrichts motiviert, sowie mit Spaß an der Sache folgen können.

Die SuS sollen am Ende von Klasse 2 die im Bildungsplan veranschlagten Kompetenzen erreicht haben. Für das Thema „Fünf Finger an jeder Hand – Multiplikationsaufgaben mit der Zahl 5" strebe ich die folgenden, unter der Leitidee „Zahl" beinhalteten Kompetenzen an:

- Die Schülerinnen und Schüler können sich [...] Grundrechenarten konkret vorstellen.
- Die Schülerinnen und Schüler können Zusammenhänge zwischen den Grundrechenarten erkennen.

(Ministerium für Kultus, Jugend und Sport 2004, S. 58)

2.3 Einbettung in die Unterrichtseinheit

Die Erarbeitung des kleinen Einmaleins erfolgte ganzheitlich mit unterschiedlichen Alltags- bzw. Anschauungsmaterialien: beispielsweise durch einen Kasten Sprudel. Zu Punktdarstellungen wurden bereits Additions- und Multiplikationsaufgaben geschrieben. Hierdurch konnten auch die Nachbar- und Tauschaufgaben thematisiert werden.

Nun folgt schrittweise die Erarbeitung verschiedener Einmaleinsreihen. Dabei setzt sich der Aufbau dieser Einheit aus der Erarbeitung folgender Einmaleinsreihen zusammen:

Stunde	Themen
1.	„Wir zeichnen die Umrisse unserer Füße auf!" – Systematische Erarbeitung der Zweierreihe
2.	„Waffeln für ein Schulfest backen" – Sachaufgaben aus dem Einmaleins mit 10 festigen
3.	**„Fünf Finger an jeder Hand" – Multiplikationsaufgaben mit der Zahl 5**
4.	„Kannst du die gleichen Ergebnisse finden?" Übungen zum Zusammenhang zwischen der Fünfer- und der Zehnerreihe
5.	„Die Teller sind leer. Wie heißt denn die Aufgabe?" Mit den Zahlen eins und null multiplizieren

Aus den genannten Kompetenzen des Bildungsplans leite ich folgende Stundenziele ab:

Die Schülerinnen und Schüler
- lösen selbstständig Multiplikationsaufgaben mit der Zahl 5.
- erkennen, dass sich bei den Einerstellen der Fünferreihe die Zahlen 5 und 0 abwechseln.
- entdecken und verbalisieren die Zusammenhänge zwischen der 5er- und der 10er-Reihe.

3. Sachanalyse

Die Multiplikation natürlicher Zahlen kann definiert werden als die „[...] wiederholte Addition einer Zahl b zu sich selbst" (Koch 2004, S. 25):

$1 \cdot b = b, 2 \cdot b = b + b, ...$

Zwecks einfacherer Handhabbarkeit bei der Multiplikation größerer Zahlen wird diese auch folgendermaßen definiert:

$a \cdot b = c$

Gesprochen heißt die Rechnung dann 'a mal b'. Dabei werden a und b als Faktoren und c als das Produkt aus $a \cdot b$ bezeichnet. Ferner nennt man a auch Multiplikator und b Multiplikant. Die Umkehroperation der Multiplikation ist die Division.

Für die Multiplikation sind drei Rechengesetze bedeutsam: das Kommutativ-, das Assoziativ- und das Distributivgesetz. Speziell im Hinblick auf die Inhalte meiner Stunde ist das *Kommutativgesetz* relevant. Dieses wird auch als Vertauschungsgesetz bezeichnet, demzufolge für alle natürlichen Zahlen a, b gilt:

$a \cdot b = b \cdot a$

(vgl. Padberg 2005, S. 124)

4. Methodische Überlegungen

4.1 Einstieg

Die Mathematikstunde beginnt mit einem Klatschrhythmus, durch den ich die Schüler begrüße und die Schüler meinen Gruß erwidern. Ich klatsche so lange, bis alle Schüler mitmachen. Erst dann beginnt parallel dazu der Begrüßungstext. Danach stelle ich den heutigen Besuch vor.

Ich hefte die Bildkarte für die Theatersitzreihe an die Tafel und warte, bis alle Schüler ihren Platz eingenommen haben. Nun schalte ich die Musik ein, nehme mein Mikrofon in die Hand und kündige die darauf folgende Theatervorführung an: Dabei sage ich den Schülern im Publikum, dass sie ebenfalls in die kurze Vorführung mit eingebunden sind. Außerdem bitte ich drei Schüler, welche sich freiwillig zum Mitspielen melden, nach vorn hinter die Bühne. Diese erhalten nun alle ein Blatt, auf dem ihre Einsätze einfach dargestellt vermerkt sind. Während der einführenden Worte halte ich ein Mikrofon und lasse ein zum Anlass passendes Lied laufen, um den besonderen Rahmen dieses Einstiegs in die Unterrichtsstunde den Kindern gegenüber zu unterstreichen.

Alternativ hätte ich auch über eine Detektivgeschichte, in welcher Fingerabdrücke eine Rolle spielen, einsteigen können. Dieser Einstieg hätte in eine Geschichte verpackt werden können, im Rahmen derer wir im Stuhlhalbkreis vorn zu Beginn ein Paket öffnen, in welchem sich ein Brief befindet. In diesem bittet dann ein Detektiv zur Hilfe bei der Aufklärung seines Falls, bei dem einige Finger- bzw. Handabdrücke gefunden wurden. Zwar hätte den Schülern auch so die Fünfer-Malreihe veranschaulicht werden können, jedoch eignen sich Finger- bzw- Handabdrücke hierfür nicht so gut wie die Umrisse einer Hand: Fingerabdrücke würden die SuS zu sehr vom Eigentlichen - die Anzahl der Finger einer Hand - ablenken, als dass sie ohne Weiteres als Anschauungsmaterial eingesetzt werden könnten. Somit entschied ich mich für die Aufführung eines kleinen Theaterspiels mithilfe der Hände bzw. Finger einiger Schüler.

4.2 Erarbeitung

Nun beginnt die Theatervorführung: In dieser sind insgesamt drei Aufgaben enthalten. Bei diesen wird stets mit der Erzählung angehalten und die Schüler im Publikum zum Beantworten der Frage aufgefordert. Die drei Mitspieler strecken während des Stücks ihre Hände auf mein Klatschsignal durch den Vorhang und ziehen die Hände auf meine Anweisung hin wieder zurück. Wer welche Hand wann durchstreckt ist für jeden der drei Schüler jeweils auf einem Blatt vermerkt, das sie hinter dem Vorhang vor sich haben. Die Fragen können vom Publikum durch genaues Beobachten, Abzählen und/oder Rechnen mit der Fünfer-Reihe gelöst werden. Wenn die jeweilige Frage richtig beantwortet wurde, folgt sogleich die nächste Aufgabe. Am Ende der kleinen Vorführung bedanke ich mich bei den drei Mitspielern.

Alternativ hätten, bei Rückgriff auf die oben erwähnte Detektivgeschichte, Malrechnungen aus der 5er-Malreihe auch durch Abbildungen von Fingerabdrücken erkannt werden können. Allerdings werden bei der von mir gewählten Variante die Schüler stärker einbezogen, da einige direkt an der Vorführung teilnehmen, während die Schüler im Publikum die Fragen beantworten müssen.

4.3 Sicherung

Nun werde ich die Tafel aufklappen, während ich darauf hinweise, dass dort nun alle drei Aufgaben zu sehen sind, die in unserer kleinen Vorführung enthalten waren. Neben den Rechnungen sind auf den Streifen außerdem Handumrisse abgebildet. Auf jedem Kärtchen fehlt jedoch etwas: entweder das Ergebnis der Rechnung oder Hände. Außerdem fehlen viele weitere Malrechnungen, damit die Malreihe vollständig ist: Ganz offensichtlich ist dies durch die Lücke zwischen 3x5 und 5x5 an der Tafel. Im Unterrichtsgespräch mit den Schülern erarbeite ich nun, was jeweils fehlt. Anhand dieser Wiederholung der Aufgaben aus der Theatervorführung leite ich gleichzeitig zur nun folgenden Arbeitsanweisung über:

4.4 Erarbeitung II

Ich gebe die Anweisung für die folgende Arbeit und sage den Schülern, dass sie nun, da an der Tafel noch viele Hände sowie Malrechnungen fehlen, eine Aufgabe zusammen in Partnerarbeit machen werden. Dazu begeben sich die Schüler an ihre gewohnten Sitzplätze. Jeweils mit dem Nebensitzer ergänzen die Schüler nun auf den von mir ausgeteilten Papierstreifen die fehlenden Hände und Ergebnisse der vorgegebenen Malrechnungen. Die Papierstreifen sind so angelegt, dass am Ende der Phase von jeder Malrechnung von 1x5 bis 10x5 mindestens ein Papierstreifen vorhanden ist. Fehlende Hände auf den Streifen werden von den Schülern dabei durch Umranden der eigenen Hand ergänzt: Dabei umfährt jeweils ein Schüler die Hand seines Nebensitzers und umgekehrt. Wenn eine Partnergruppe die Aufgabe abgeschlossen hat, dann gibt diese mir ein Handsignal und bleibt ruhig. Ich werde dann die Streifen nach und nach einsammeln und in der richtigen Reihenfolge an die Tafel heften.

Alternativ hätte ich auch die Papierstreifen ungeordnet an die Tafel kleben können. So hätten die Schüler im Anschluss die Aufgabe, diese in die passende Reihenfolge zu bringen. Allerdings wäre dieses Vorgehen sehr zeitaufwändig und damit der daraus resultierende Nutzen in Anbetracht der Zeit meiner Ansicht nach nicht groß genug.

4.5 Sicherung II

Sobald alle Schüler die Arbeit abgeschlossen haben, werde ich deren Aufmerksamkeit auf das nun entstandene Tafelbild lenken. Im Unterrichtsgespräch wird nun die Fünferreihe anhand der an der Tafel sichtbaren Papierstreifen besprochen und dabei die Regelmäßigkeit der Ergebnisse – 0 und 5 wechselt sich in den Einerstellen stets ab – mündlich geklärt.

4.6 Übung mit Ergebnissicherung

Im Anschluss gebe ich den Schülern erneut eine Arbeitsanweisung: Diese werden nun in Einzelarbeit verschiedene Aufgaben in einem ‚Finger-Heft' bearbeiten. Über unterschiedliche Aufgabenheftchen wird hier in verschiedene Anspruchsniveaus differenziert: Grüne Hefte enthalten die einfacheren Aufgaben, rote Hefte die schwierigeren. Nach Abschluss aller Aufgaben kontrollieren die Schüler ihre Ergebnisse durch Lösungsblätter, welche hinter der Tafel angebracht sind, selbstständig. Schließlich beende ich die Phase mit drei Triangel-Schlägen.

4.7 Abschluss

Nun werde ich einen Schüler nach vorn hinter das Fingertheater bitten. Dieser erhält von mir die Anweisung, beide Hände durch den Vorhang zu strecken und so dem Publikum insgesamt zehn Finger zu zeigen. Die Schüler im Publikum werden nun von mir dazu aufgefordert, eine passende Rechnung für die gezeigte Aufgabe zu finden: Die Schüler nennen nun die Rechnung ‚2x5'. Anschließend werde ich nachfragen, ob es denn noch andere Malrechnungen gibt, die auf die gezeigten Hände zutreffen würden. Die Schüler antworten mit ‚1x10' und nennen das Ergebnis der Rechnung. Ich hefte nun ein Tafelkärtchen mit der eben genannten Rechnung der 10er-Reihe auf die entsprechende Malrechnung der 5-er Reihe (2x5=10) an die Tafel. Dann bitte ich ein weiteres Kind hinter die Bühne und fordere die beiden Schüler hinter dem Vorhang dazu auf, ihre beiden Hände durch den Vorhang zu strecken. Das Publikum bekommt nun insgesamt 4 Hände zu sehen. Wieder wird hier nun die passende Rechnung der 10er-Reihe mitsamt deren Ergebnis genannt (2x10=20). Dazu hefte ich wieder das entsprechende Kärtchen an die Tafel, auf welchem die genannte Rechnung geschrieben steht. Zuletzt wird ein weiterer Schüler hinter die Bühne geholt und mit den Händen die Malaufgabe ‚3x10' dargestellt. Das Publikum nennt erneut die Aufgabe und deren Lösung und ein weiteres Kärtchen wird über die entsprechende Rechnung der 5er-Reihe an die Tafel geheftet. Mit dieser letzten Phase der Unterrichtsstunde werden Anknüpfungspunkte für die nächste Mathematikstunde geschaffen, in welcher auf die Zusammenhänge zwischen der Zehner- und der Fünferreihe gesondert eingegangen werden wird.

Alternativ hätte die Beziehung zwischen der 5er- und der 10er-Reihe in dieser letzten Unterrichtsphase von den Schülern rein mithilfe der bereits an der Tafel angehefteten Rechnungen der 5er-Reihe erschlossen werden können. Hierbei hätte ich während der Frage, welche Malrechnungen mit gleichem Ergebnis die Schüler noch kennen, auf die bereits angehefteten Rechnungen der 5er-Reihe deuten müssen. Da sich zur Abrundung der Stunde ein Rückgriff auf das Fingertheater allerdings anbietet und die Veranschaulichung durch die Finger als Hilfe dient, habe ich mich für die oben beschriebene Variante entschieden.

Name: (Lehramtsanwärter)   Prüfungskommission: (xy)   Fach: Mathematik

Klasse: 2x   Zeit: 8.25 Uhr – 9.10 Uhr   Datum: 12.03.2013

Thema der Unterrichtssequenz: „Fünf Finger an jeder Hand" – Multiplikationsaufgaben mit der Zahl 5

Angebahnte Kompetenzen:

- Die Schülerinnen und Schüler können sich […] Grundrechenarten konkret vorstellen.
- Die Schülerinnen und Schüler können Zusammenhänge zwischen den Grundrechenarten erkennen.

Ziele:

- Die Schülerinnen und Schüler lösen selbstständig Multiplikationsaufgaben mit der Zahl 5.
- Die Schülerinnen und Schüler erkennen, dass sich bei den Einerstellen der Fünferreihe die Zahlen 5 und 0 abwechseln.
- Die Schülerinnen und Schüler entdecken und verbalisieren die Zusammenhänge zwischen der 5er- und der 10er-Reihe.

Phase / Zeit	Sozialform	Unterrichtsgeschehen	Methodisch-didaktischer Kommentar	Medien
8.25-8.33 Uhr (ca. 4min) Einstieg	Theatersitz-reihe	Begrüßung der L. und SuS erfolgt durch ritualisierten Klatschrhythmus. Vorstellung des Besuchs durch L. L. heftet die Bildkarte für die Sitzordnung an die Tafel. Danach schaltet die L. die Musik ein und kündigt den SuS eine Theatervorführung an. Drei freiwillige SuS werden als Mitspieler ausgewählt.	Motivation Alle Lerntypen werden angesprochen	Bühne gestaltet mit Vorhängen, Bildkarte; Theatersitz, Mikrofon, CD mit Lied, CD-Player
8.33-8.37 Uhr (ca. 8min) Erarbeitung	Theatersitz-reihe	L. schaltet Musik aus, die Vorführung beginnt: Die von der L. gestellten Aufgaben werden von den Spielern hinter der Bühne dargestellt. Die Zuschauer lösen die drei Aufgaben. Die L. lenkt durch Nachfragen auf die jeweilige Malrechnung. Impuls: „Kann man denn [Anzahl der Finger] so schnell erkennen?"		Bühne, Regieanweisung für die Vorspieler
8.37-8.41 Uhr (ca. 4min) Sicherung	Plenum	Gelenkstelle: „Und da in unserem Fingertheater alles blitzschnell ging, könnt ihr hier an der Tafel alle drei Aufgaben von eben sehen." L. klappt Tafel auf und unvollständig beschriftete Tafelstreifen erscheinen. Im Unterrichtsgespräch wird von den SuS verbalisiert, was jeweils fehlt.	Die Aufgaben erscheinen in bildlicher Form mit fehlenden Händen und Ergebnissen. SuS ergänzen und erklären die Multiplikationsaufgaben.	Tafel, Magnete, Plakatstreifen

Zeit/Phase	Sozialform	Unterrichtsgeschehen	Didaktisch-methodischer Kommentar	Material
8.41 - 8.49 Uhr (ca. 8min) Erarbeitung II	Partnerarbeit	**Gelenkstelle**: „Da an der Tafel jetzt noch sehr viele Hände fehlen, dürft ihr gleich mit eurem Nebensitzer Hände durch eure eigenen ergänzen. Schaut euch zuerst die Rechnung an. Ein Kind legt dann die fehlende Hand auf den Papierstreifen und das andere Kind umfährt die Hand. Danach wechselt ihr euch ab und löst eure Rechnung." Die SuS gehen an ihren gewohnten Sitzplatz. In Partnerarbeit erstellen die SuS einen Plakatstreifen, auf dem die eigenen Hand- bzw. Fingerumrisse entsprechend der aufgeschriebenen Rechnung ergänzt werden müssen. Die SuS, die fertig sind, geben ein Zeichen. L. sammelt die Plakatstreifen ein und heftet sie an die Tafel.	Handelnder Umgang mit der Fünferreihe	Plakatstreifen
8.49-8.53 Uhr (ca. 4 min) Sicherung II	Plenum	Mit dem Tafelbild wird nun im Unterrichtsgespräch die 5er-Reihe besprochen und die Entdeckung der Regelmäßigkeiten von den SuS verbalisiert. Impuls: „Bemerkt ihr etwas, wenn ihr die Ergebnisse ganz genau betrachtet?"	Bei den Einerstellen wechselt sich 0 und 5 ab	Tafel, Magnete Plakatstreifen
8.53-9.05 Uhr (ca. 12min) Übung mit Ergebnissicherung	Einzelarbeit	**Gelenkstelle**: „Ihr bekommt nun ein eigenes ‚Finger-Heft' von mir. Diese Aufgaben löst ihr alleine. Die Lösungen hängen hinter der Tafel. Kann jemand wiederholen, wie die Aufgaben überprüft werden?" Die SuS bearbeiten die weiteren Aufgaben im ‚Finger-Heft' und kontrollieren sich selbst durch Abgleich mit den Lösungsblättern. L. beendet die Phase mit drei Schlägen an eine Triangel.	Qualitative Differenzierung durch zwei unterschiedliche ‚Finger-Hefte' (grün: einfacher, rot: schwieriger) Selbstkontrolle	zwei unterschiedliche ‚Finger-Hefte' (grün und rot) Lösungen, Magnete, Triangel
9.05-9.10 Uhr (ca. 5min) Abschluss und Vorausblick	Plenum	**Gelenkstelle**: „Nun, da ihr fleißig die Aufgaben gelöst habt, suche ich erneut einen Mitspieler im Fingertheater." L. holt ein Kind nach vorn hinter die Theaterbühne und flüstert ihm hinter dieser eine Anweisung zu. SuS im Publikum erkennen und verbalisieren die mit Händen gezeigte Malaufgabe 2x5 und nennen deren Ergebnis. L. fragt, ob es denn noch eine andere Malaufgabe gibt, die für die gleichen Hände gilt. SuS nennen ‚1x10' und das dazugehörige Ergebnis. Im Anschluss daran wird für die Malaufgaben 2x10 und 3x10 gleich verfahren: Zwei weitere Mitspieler werden für diese hinter die Bühne geholt. Die L. heftet stets parallel Kärtchen mit den entsprechenden Rechnungen der 10er-Reihe über diejenigen der 5er-Reihe an die Tafel.	Beziehung: Zehner-Fünferreihe	Bühne, Kärtchen mit Rechnungen der 10er-Reihe, Papierstreifen

14

Literaturverzeichnis

- Krauthausen, G. / Scherer, P. (2007): Einführung in die Mathematikdidaktik. 3. Auflage. München: Spektrum Akademischer Verlag.

- Koch, H. (2004): Einführung in die Mathematik. 2. Auflage. Berlin-Heidelberg: Springer-Verlag.

- Ministerium für Kultus Jugend und Sport (2004): Bildungsplan für die Grundschule. Villingen-Schwenningen: Neckar-Verlag.

- Padberg, F. (2005): Didaktik der Arithmetik für Lehrerausbildung und Lehrerfortbildung. 3. Auflage. München: Spektrum Akademischer Verlag.

- Schipper, W. (2009): Handbuch für den Mathematikunterricht an Grundschulen. Braunschweig: Schroedel Verlag.

Bild- und Tonquellen

<u>Bilder</u>:

- http://openclipart.org/people/inky2010/Hands_1.svg – lizenzfrei
  (letzter Abruf: 10.03.2013, 18:30 Uhr)

- Denken und Rechnen (2005). Arbeitsheft 2. Hg. v. Dieter Klöpfer.
  Braunschwieg: Westermann Verlag.

<u>Musik</u>:

- Liedtitel: Einzug der Gladiatoren (*Entry of the gladiators*)
  Komponist: Julius Fučík
  Aus: Tschechische Philharmonie / Vaclav Neumann: Einzug der Gladiatoren -
  Florentiner Marsch (Audio-CD).

Anhang

<u>Anweisungen für die Mitspieler im Fingertheater</u>

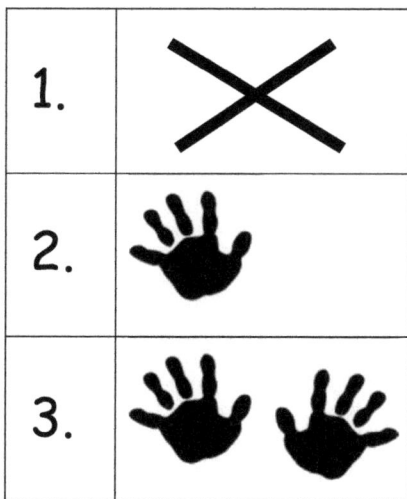

Finger - Heft

von:_____

Einmaleins mit 5

Aufgaben grünes ‚Finger-Heft' (einfachere Aufgaben)

vgl. Denken und Rechnen (2005). Arbeitsheft 2. Hg. v. Dieter Klöpfer. Braunschwieg: Westermann Verlag.

Aufgaben rotes ‚Finger-Heft' (schwierigere Aufgaben)

vgl. Denken und Rechnen (2005). Arbeitsheft 2. Hg. v. Dieter Klöpfer. Braunschwieg: Westermann Verlag.

Tafelbild (linker Tafelflügel + Mittelfläche)

Hände + Malrechnung 5er- Reihe
(10x5)

Hände + Malrechnung 5er- Reihe
(1x5)